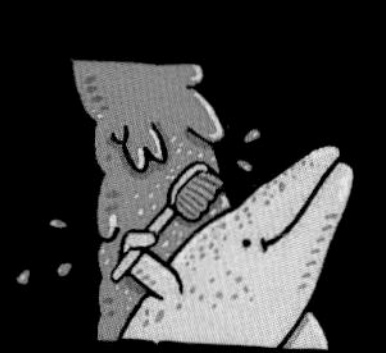

我不知道

鲸 会

我不知道系列：动物才能真特别

I didn't know that whales can sing

我不知道 鲸会唱歌

[英]凯特·贝蒂◎著 [英]麦克·泰勒◎绘 蒋玉红◎译

哈尔滨出版社
HARBIN PUBLISHING HOUSE
H.P.H

我不知道

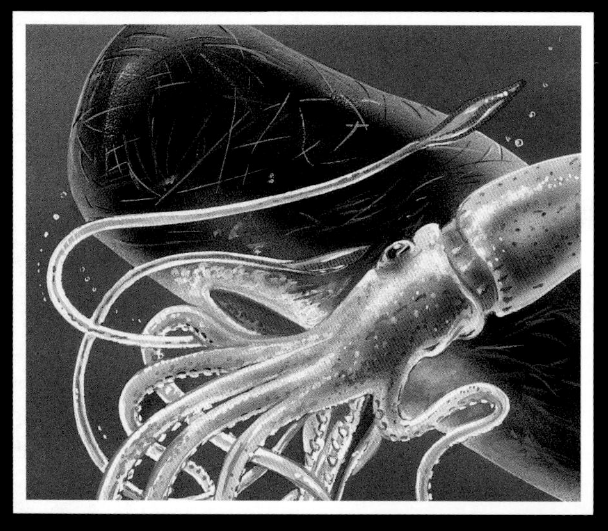

前言

你知道吗？鲸是哺乳动物，也需要呼吸空气；有些鲸甚至比体形最大的恐龙还要重；海豚生病时，同伴们还会照顾它呢……

快来认识各种鲸和海豚，了解它们吃什么、座头鲸的歌声有多么嘹亮、它们如何繁育宝宝、它们最大的敌人是谁等等，一起走进神奇的海底世界！

注意这个图标，它表明页面上有个好玩的小游戏，快来一试身手！

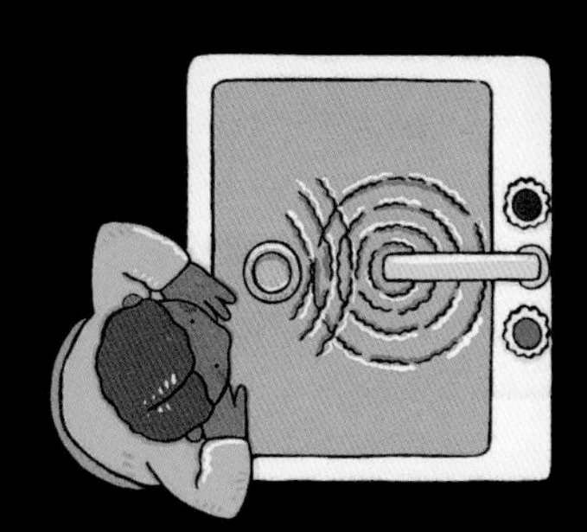

真的还是假的？看到这个图标，表明要做判断题喽！记得先回答再看答案。

别忘了读一读页边上的妙妙海洋生物小百科！

我不知道

鲸是哺乳动物。就像你跟我、奶牛、马儿、猫咪和小狗，或是其他哺乳动物一样，鲸是恒温动物，也需要呼吸空气，在幼年时期也要喝鲸妈妈的乳汁。

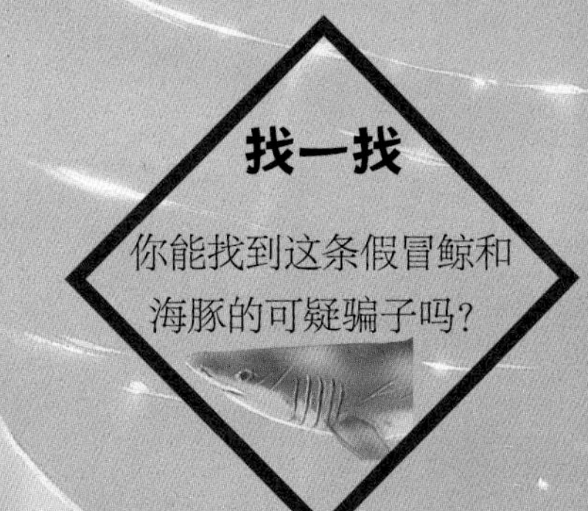

白鲸

鲸并不需要皮毛来保暖。它们身上有一层厚厚的鲸脂，可以在寒冷的海洋中保持温暖。

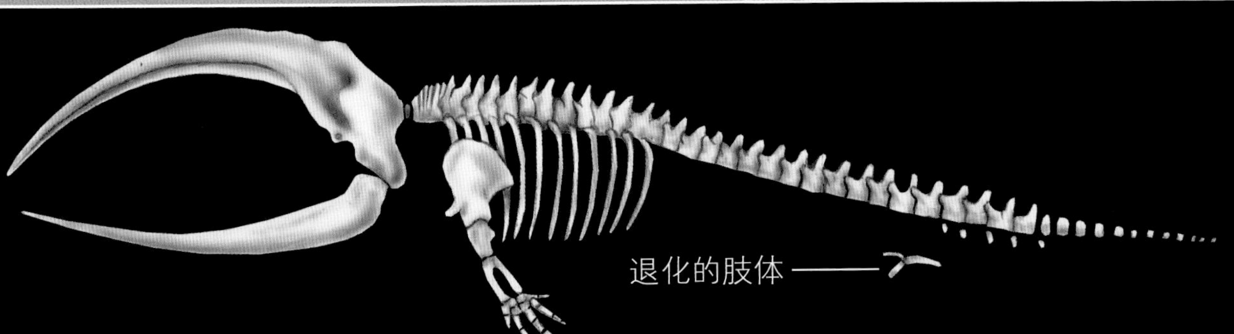

为了适应海洋生活，鲸的身体从陆地哺乳动物进化成现在的样子。它的前肢变成鳍状肢，后肢全部消失。如果仔细观察鲸的骨架，你还能看见退化的后肢骨。

！ 为了抵御寒冷，因纽特人会食用鲸脂。

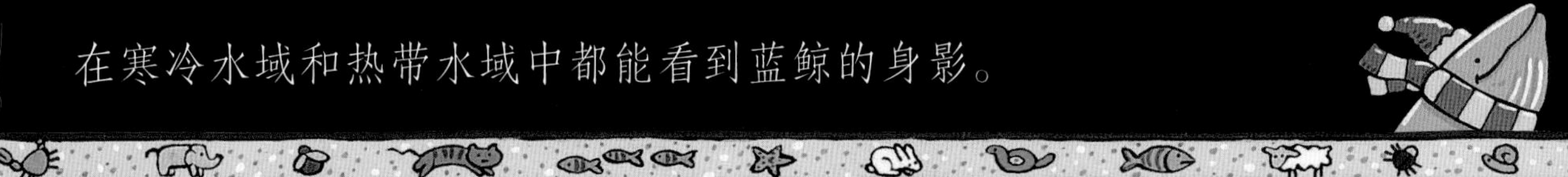

在寒冷水域和热带水域中都能看到蓝鲸的身影。

真的还是假的？

蓝鲸的心脏比人类的心脏大 4 倍。

蓝鲸有时被称为“硫磺底”。蓝鲸深潜到海底时，表皮会附着一些藻类，使得它们的身体在漆黑的环境中发出黄光。

答案：**真的**

至少是大 4 倍！蓝鲸的心脏重达 450 千克，而人类的平均体重约为 60 千克。

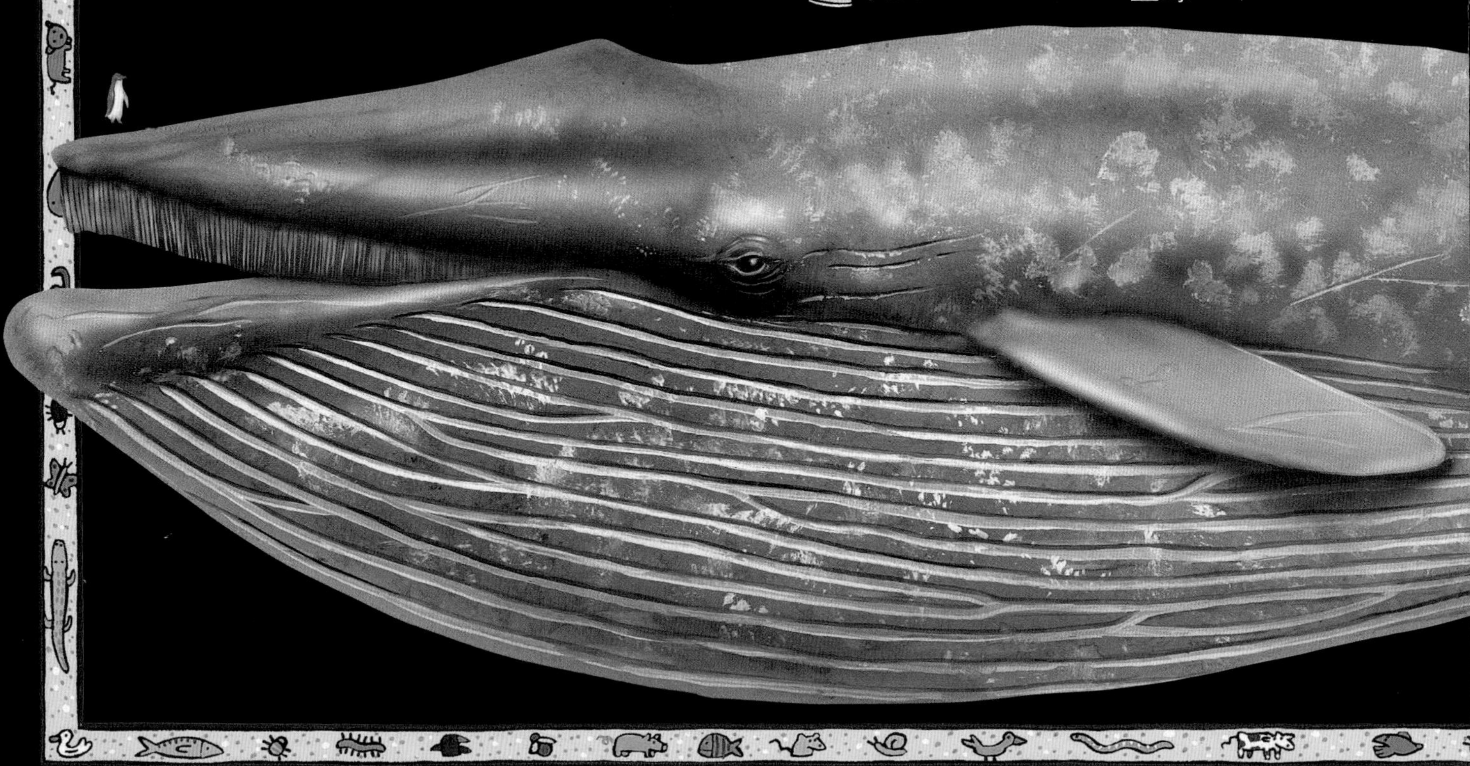
蓝鲸

找一找

你能找到这只企鹅吗?

我不知道

鲸是地球上有史以来最大的动物。蓝鲸的体形是最大的恐龙的 4 倍，是大象的 25 倍。体形如此巨大的动物是无法在陆地上生活的，但是在海洋中，海水可以为它们支撑起巨大的身体。

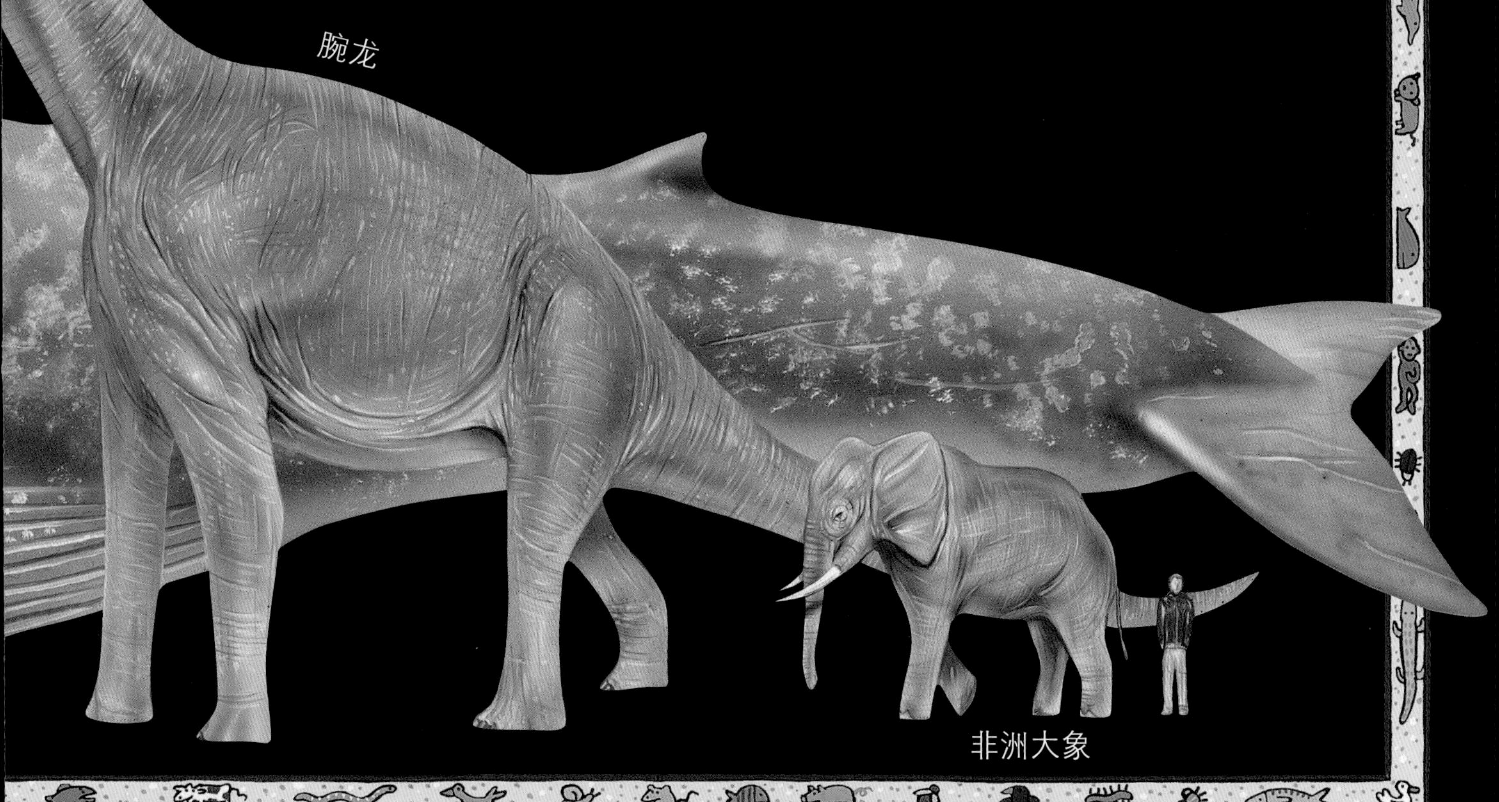

! 蓝鲸舌头的重量和一头河马的体重差不多!

我不知道

鲸会憋气。它们必须得会啊！尽管鲸是哺乳动物，通过肺来呼吸空气，但它们大部分时间都待在水下生活。它们会浮到海面上呼吸空气。

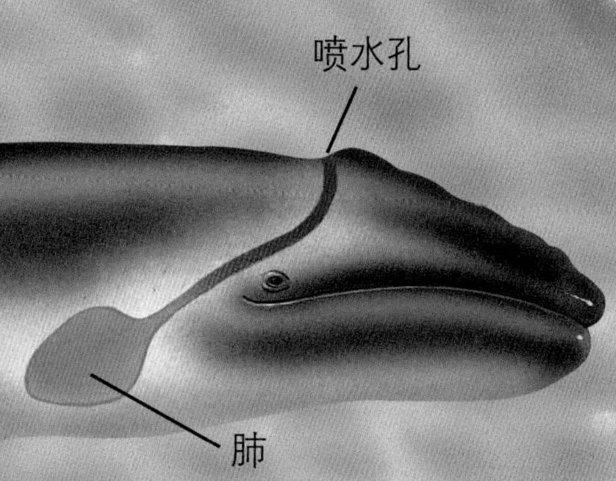

鲸头顶的喷水孔就是它们的鼻孔。鲸呼气时喷出一股高高的水柱，然后深吸一口气，再一次潜入海底。

! 如果在陆地上搁浅，鲸的肺部会被它的体重压碎。

因为体内的鲸蜡能制成上好的蜡烛，抹香鲸遭到了人类的捕杀。

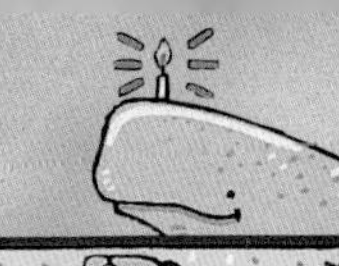

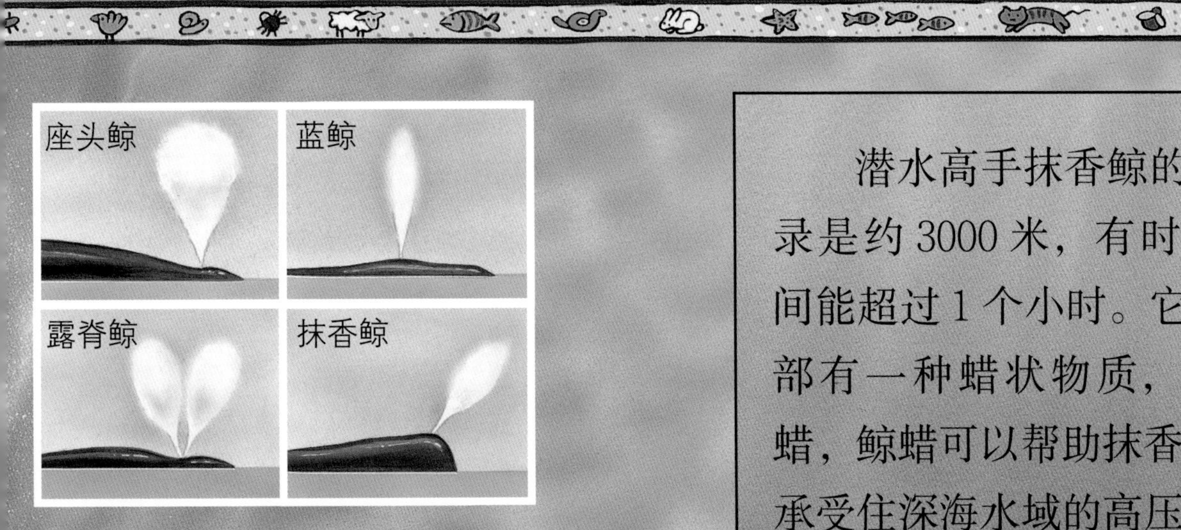

真的还是假的？

从鲸头顶上喷出的水柱就能判断出它的种类。

答案：**真的**

鲸喷出的水柱其实是大量的水蒸气，鲸体内的暖空气和体外的冷空气相遇后化为水汽。上面的图片展示了不同的鲸喷出的水柱。19世纪时，捕鲸者从很远的地方就能注意到鲸喷出的水柱，并从水柱的形状辨别出附近是哪种鲸。

潜水高手抹香鲸的下潜记录是约3000米，有时下潜时间能超过1个小时。它们的头部有一种蜡状物质，叫作鲸蜡，鲸蜡可以帮助抹香鲸承受住深海水域的高压。

我不知道

座头鲸

鲸是杂技明星。像这头 15 米长的座头鲸一样，许多鲸在浮出水面时会从水里跃出。它们有时旋转身体或者翻个筋斗，然后落入水中，溅起大片的水花。这叫作鲸跃。

鱼左右摆动尾巴来向前游动。鲸的肌肉更强健，上下摆动尾巴更有劲儿。鲸用鳍状肢来保持身体平衡和掌控方向。

真的还是假的？

海豚会跳出水面来惊吓鱼儿。

答案：**真的**

想象一下鲸或者海豚跃出水面，会给水面造成多大混乱！受惊的鱼儿挤作一团，正好方便海豚一口吞下。

海洋公园里的鲸目动物，包括虎鲸和海豚都会表演节目。它们聪明又灵活，总能令观众们着迷。让人难过的是，这些动物是被捕获的，而观众也知道它们应该生活在野外。

! 可以从尾巴的形状来判断鲸是什么种类。

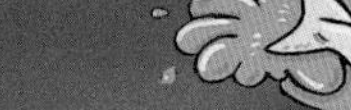

我不知道

有些鲸没有牙齿。鲸分为齿鲸和须鲸。须鲸有好几百根呈梳齿状排列的角质须，叫作鲸须。这些鲸须挂在口腔上颚，能够捕获猎物。

找一找

你能找到1头北极熊吗？

露脊鲸

体形庞大的蓝鲸以细小的磷虾为食。一头蓝鲸一天可以捕食约400万只磷虾。

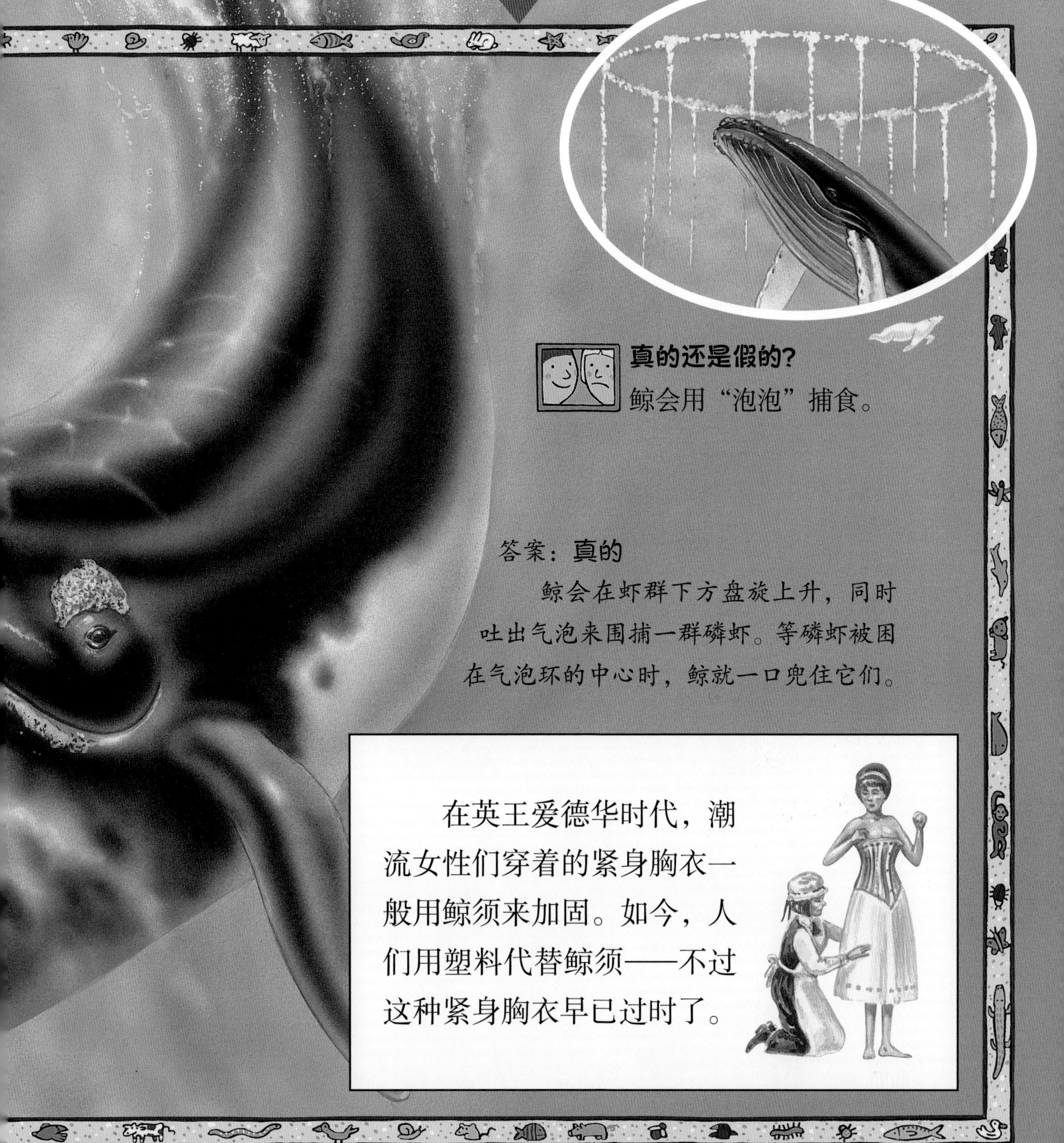

真的还是假的？

鲸会用“泡泡”捕食。

答案：**真的**

鲸会在虾群下方盘旋上升，同时吐出气泡来围捕一群磷虾。等磷虾被困在气泡环的中心时，鲸就一口兜住它们。

在英王爱德华时代，潮流女性们穿着的紧身胸衣一般用鲸须来加固。如今，人们用塑料代替鲸须——不过这种紧身胸衣早已过时了。

! 须鲸可能是从捕食昆虫的哺乳动物演化而来的。

我不知道

虎鲸成群地捕食。虎鲸又名杀人鲸或逆戟鲸，是黑白相间的大型鲸目动物。虎鲸成群地生活在一起，组成鲸群，并且集体猎食。它们的菜单上有鱼、鱿鱼、海鸟、海豹，甚至还有海豚和其他鲸。

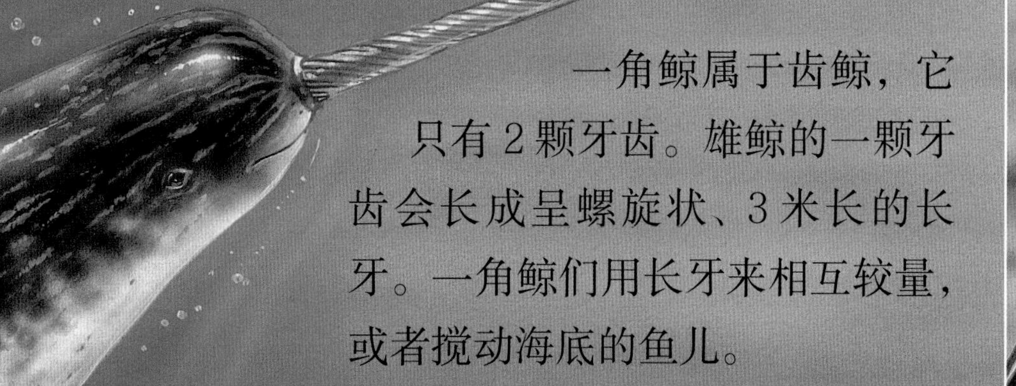

一角鲸属于齿鲸，它只有 2 颗牙齿。雄鲸的一颗牙齿会长成呈螺旋状、3 米长的长牙。一角鲸们用长牙来相互较量，或者搅动海底的鱼儿。

竖琴海豹

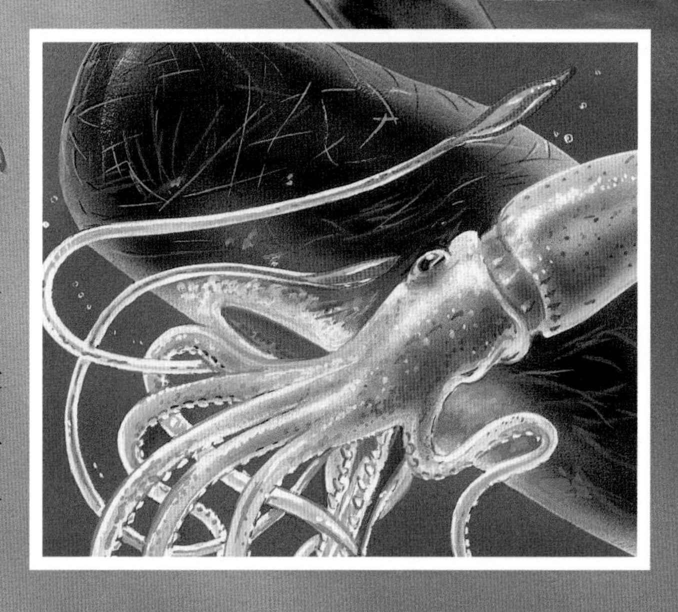

抹香鲸以深海大王乌贼为食（右图）。不经过一场激烈的大战，它是抓不到这条 15 米长的乌贼的——许多抹香鲸身上都有战斗时留下的伤疤，足以证明战斗的激烈程度。

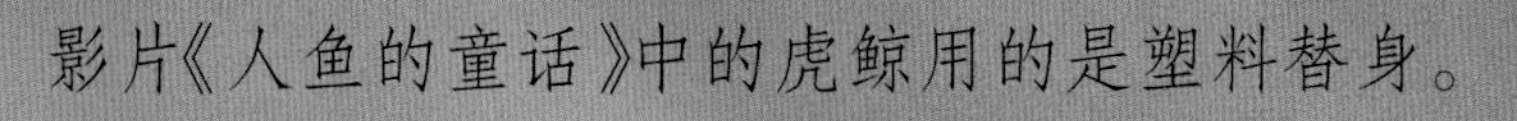

! 影片《人鱼的童话》中的虎鲸用的是塑料替身。

真的还是假的?

鲸目动物只生活在海洋里。

答案：**假的**

长江河豚、亚河豚和恒河豚都生活在淡水中，它们也是鲸目动物。

鼠海豚是鲸目动物中体形最小的成员。它们没有海豚那样的喙状嘴，它们跳出水面的方式叫作“豚式跳跃”，和海豚跃出水面的方式一样！

! 海豚会托着受伤的同伴游到水面上呼吸空气。

找一找

你能找到这头跃出海面的鲸吗？

我不知道

一群海豚能有几千只。海豚也是鲸目动物。在一些鱼类丰富的海域，同类海豚会聚集在一起生活。有时，群体中的成员多达 2000 只，它们协作捕食鱼群。

美国海军充分利用了海豚的聪明机智！下图中的这只海豚经过训练，能找到并带回海底的鱼雷。还有的海豚被训练去探测潜水艇和守卫海港入口。

迁徙中的灰鲸会在瀑布里淋浴，洗去身上的藤壶。

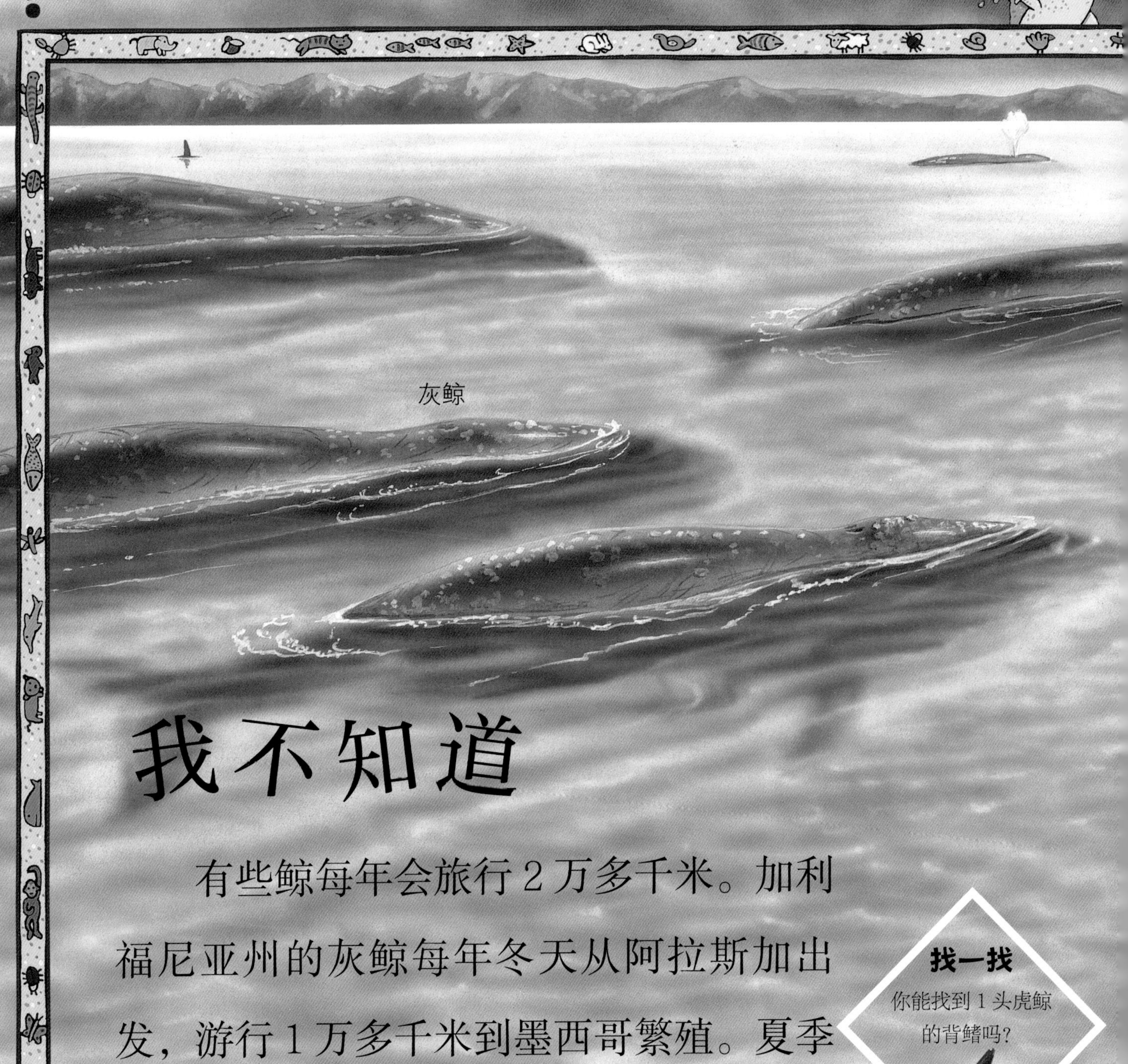

我不知道

有些鲸每年会旅行2万多千米。加利福尼亚州的灰鲸每年冬天从阿拉斯加出发，游行1万多千米到墨西哥繁殖。夏季阿拉斯加食物丰富，它们又会游回来。

找一找

你能找到1头虎鲸的背鳍吗？

真的还是假的?

鲸呈特定队形迁徙。

答案：**真的**

许多鲸会呈特定队形游动。迁徙的白鲸群排着队穿过浮冰块，从左边这张俯视图上，你能清楚地看到它们随鱼群向南迁徙的队形。

如果鲸游到浅海区，没有足够的水支撑庞大的身体，它们就会搁浅。同伴们会游过来提供帮助，但最终它们也会搁浅。

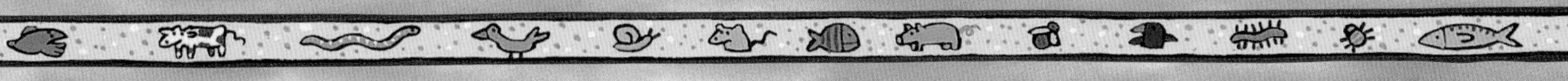

! 为了保护自己的幼崽，灰鲸妈妈会变得非常有攻击性。

我不知道

鲸会唱歌。它们用歌声在相隔数千米的海洋里交流。每一种鲸都有其独特的嗓音，非常容易识别。歌声由隆隆声、滴答声和口哨声等不同的声音组成。它们在繁殖的季节里最吵闹。

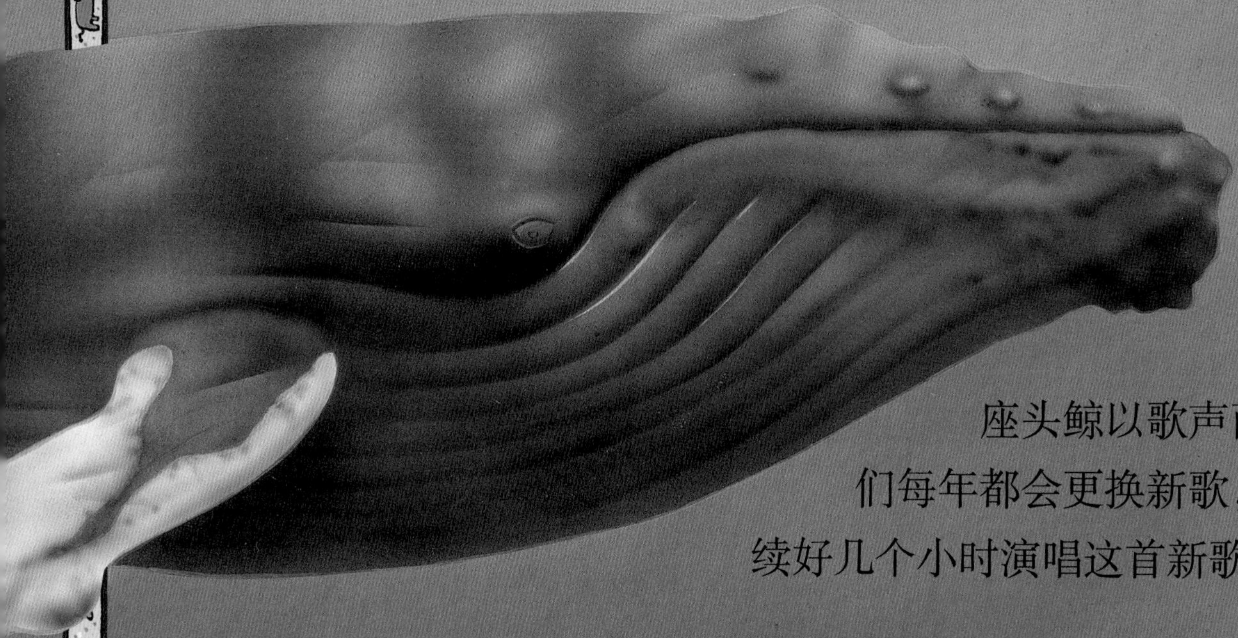

北极水手过去常称白鲸为“海洋里的金丝雀”（上图），因为它们发出的叫声如银铃般悦耳动听。

座头鲸以歌声而闻名。它们每年都会更换新歌，并且会连续好几个小时演唱这首新歌。

! 座头鲸的歌声非常嘹亮，185 千米之外都可以听到。

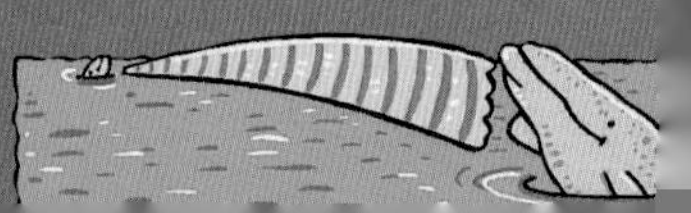

座头鲸的歌声和飞机起飞时的轰鸣声一样大。

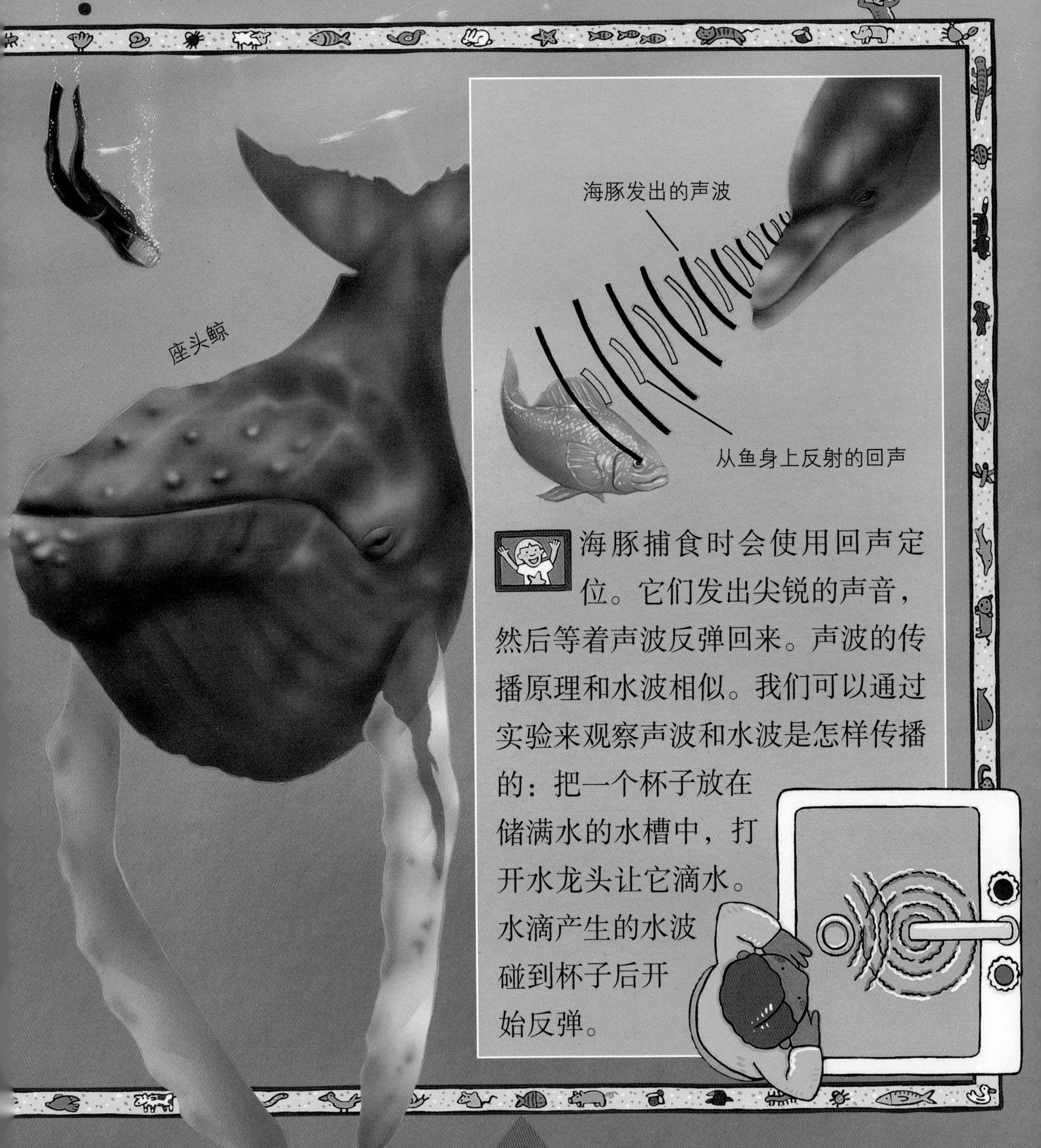

海豚捕食时会使用回声定位。它们发出尖锐的声音，然后等着声波反弹回来。声波的传播原理和水波相似。我们可以通过实验来观察声波和水波是怎样传播的：把一个杯子放在储满水的水槽中，打开水龙头让它滴水。水滴产生的水波碰到杯子后开始反弹。

我不知道

鲸也需要助产士。和所有刚刚出生的哺乳动物一样，鲸宝宝在出生后需要立刻呼吸到第一口空气。“助产士”鲸会帮助鲸妈妈把刚刚出生的宝宝推到水面上呼吸空气。

座头鲸

真的还是假的？

鲸宝宝一天可以喝下 600 升的奶。

答案：**真的**

鲸宝宝在出生后的第一个星期里体重会增加 2 倍。经过 7 个月的哺乳后，鲸宝宝能长到 15 米长，这时候它才停止喝奶。

鲸求偶时会经常一起玩耍。雄鲸会一直游在雌鲸旁边，用头温和地轻拍或者轻抚雌鲸的头。座头鲸在交配的时候会一起跃出水面。

海豚也是鲸目动物。雄性海豚在求偶时，会猛烈地追逐雌性海豚（下图）并相互打斗。雄性海豚们会互相猛咬对方，但它们不会因这些伤口而死亡。

! 雄性露脊鲸会表演一段求爱舞蹈。

我不知道

以前捕鲸是乘小船。在捕鲸镖发明以前，捕鲸对捕鲸者来说十分危险。如今，许多国家已经颁布法令，禁止捕鲸，以防它们灭绝。

口红、蜡烛、人造黄油和维生素的原料都是从鲸身上提取的。

鲸工船的出现，使杀死鲸后直接在海上加工鲸肉成为可能。人们乘捕鲸艇用鱼叉捕杀鲸，然后把鲸的尸体拖到鲸工船上屠宰和加工。

为了消磨在海上的时光，水手们过去常常在鲸的长牙或鲸须上绘画雕刻。这些雕刻品就是骨雕（上图）。

鲸需要深水来支撑它庞大的身体。如果搁浅了，它们非常需要人类的帮助，帮它们快速回到安全的深海区。

真的还是假的?

为阻止捕鲸者捕杀鲸，绿色和平组织会派出船只搜寻捕鲸船。

答案：**真的**

绿色和平组织的成员会乘坐橡皮艇，不顾自己的安危挡在捕鲸船前，以阻止鲸被捕杀（左图）。

我不知道

人能和鲸一起度假。有些旅游公司会组织生态旅游者，乘船到自然栖息地观赏鲸。生态旅游使当地人更乐意保护动物，而不是猎杀它们。

! 当靠近鲸妈妈和鲸宝宝时，赏鲸人一定要小心。

词 汇 表

捕鲸镖

一根系有鱼叉的绳索，采用开枪的方式刺入鲸体，在 19 世纪 60 年代发明，用来捕杀鲸。

哺乳动物

一个动物种群，如常见的猫、奶牛和猴子等等。它们用胎生繁衍后代，以乳汁喂养宝宝，是温血动物。

肺

呼吸空气的动物体内的一个器官，用于将氧气输送到血液里。

回声定位

有些动物用听觉代替视觉来“看见”物体。它们发出声音，然后听声音碰到物体后反射的回声。

鲸须

须鲸是没有牙齿的鲸。鲸须是指悬垂在须鲸口腔上颚的角质板，用来过滤食物。

鲸跃

鲸忽然从海中跃出来，然后“砰”地一声又落回海里。

鲸脂

鲸皮肤下的一层厚脂肪，用于抵御寒冷。

栖息地

动物生活的自然场所。

迁徙

动物为了获取食物或到温暖的地方越冬而旅行。

生态旅游者

指那些选择去自然栖息地观看野生动物的旅游者，他们有很强的环保意识，希望野生动物得到保护。

温血动物

温血动物能够维持体温。而冷血动物只能靠体外环境的温度来提高或降低体温。

压力

在很深的海底，水会产生很大的压力，不适应的动物可能会被水压压死。

黑版贸审字 08-2020-073 号

图书在版编目（CIP）数据

我不知道鲸会唱歌 /（英）凯特·贝蒂著；（英）麦克·泰勒绘；蒋玉红译. -- 哈尔滨：哈尔滨出版社，2020.12

（我不知道系列：动物才能真特别）

ISBN 978-7-5484-5426-7

Ⅰ.①我… Ⅱ.①凯… ②麦… ③蒋… Ⅲ.①鲸－儿童读物 Ⅳ.①Q959.841-49

中国版本图书馆CIP数据核字(2020)第141324号

An Aladdin Book
Designed and Directed by Aladdin Books Ltd
PO Box 53987
London SW15 2SF
England

书　　名：我不知道鲸会唱歌
WO BUZHIDAO JING HUI CHANGGE

作　　者：[英]凯特·贝蒂 著　[英]麦克·泰勒 绘　蒋玉红 译
责任编辑：马丽颖　尉晓敏　　责任审校：李　战
特约编辑：严　倩　陈玲玲　　美术设计：柯　桂

出版发行：哈尔滨出版社（Harbin Publishing House）
社　　址：哈尔滨市松北区世坤路738号9号楼　　邮编：150028
经　　销：全国新华书店
印　　刷：湖南天闻新华印务有限公司
网　　址：www.hrbcbs.com　www.mifengniao.com
E-mail：hrbcbs@yeah.net
编辑版权热线：（0451）87900271　87900272
销售热线：（0451）87900202　87900203

开　　本：889mm × 1194mm　1/16　印张：12　字数：60千字
版　　次：2020年12月第1版
印　　次：2020年12月第1次印刷
书　　号：ISBN 978-7-5484-5426-7
定　　价：98.00元（全6册）